ÉTUDE
HISTORIQUE ET SCIENTIFIQUE
SUR LA

FERMENTATION

PAR

E. ROBINET
D'ÉPERNAY

ÉPERNAY
TYPOGRAPHIE DE BONNEDAME ET FILS
Éditeurs du journal le VIGNERON CHAMPENOIS

1877

ÉTUDE

SUR LA FERMENTATION

Épernay, typ. et lith. Bonnedame et Fils.

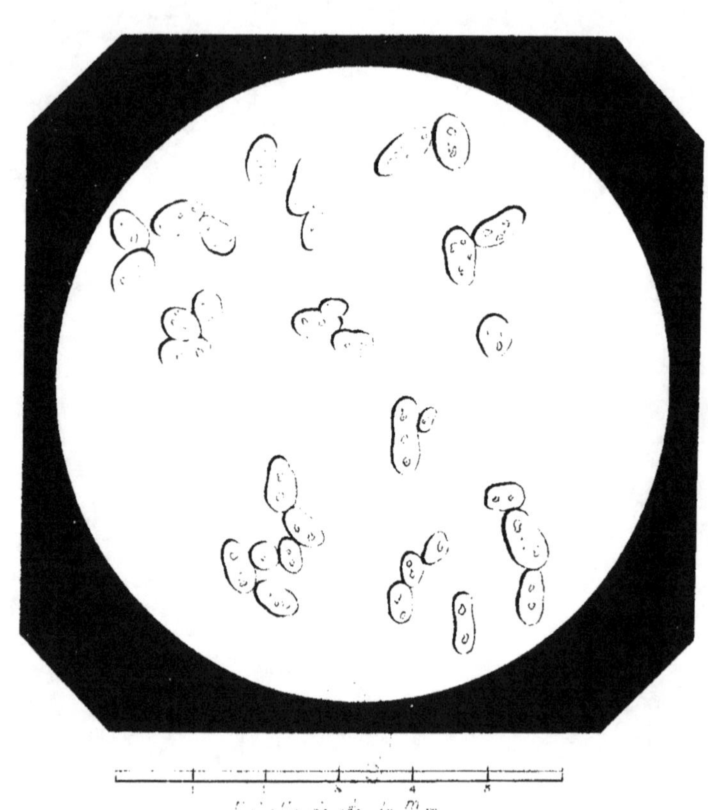

Mycoderma Vini

ÉTUDE

HISTORIQUE ET SCIENTIFIQUE

SUR LA

FERMENTATION

PAR

E. ROBINET

D'ÉPERNAY

ÉPERNAY

TYPOGRAPHIE DE BONNEDAME ET FILS

Éditeurs du journal le VIGNERON CHAMPENOIS

1877

ÉTUDE

SUR LA

FERMENTATION

La fermentation est un des phénomènes physiologiques le plus anciennement observés. Son nom vient de *fervere* bouillir, et fut en principe employé pour désigner la réaction qui se produit dans la pâte de pain à une température de +15 à 20.

Le levain ou ferment *(fermentum)*, dit Pline, est de la pâte qu'on laisse aigrir, qu'on mélange avec celle du pain et qui la fait lever. Ce savant observateur avait déjà constaté que la fermentation repose sur un principe acide.

Depuis, tous les savants alchimistes du

Moyen-Age comme Raymond Lulle, Petrus Bonus, Libavius et autres ont émis des théories diverses sur la fermentation ; mais il est presque impossible de se rendre un compte exact de l'opinion qu'ils se formaient sur ce phénomène.

Van Helmont est plus précis et partout où il constate une réaction produisant de la chaleur, il l'attribue à la fermentation.

C'est au 17e siècle, vers 1680, que Leuwenhoeck, grâce à son microscope, parvient à pouvoir étudier la levure de bière, à constater qu'elle est formée de très-petits globules, qu'il classe dans le régne végétal. Ce premier pas fait est immense, mais il n'est pas suivi et pendant de longues années, les savants émettent des opinions si différentes qu'on semble être retombé dans le chaos qui avait précédé la découverte de Leuwenhoeck.

Lemery, Stahl, Boerhaave et Bucquet fondent des théories si diverses qu'il est encore difficile de s'y reconnaitre; cependant déjà on classe les différentes espèces de fermentation sans bien les expliquer.

Stahl définit parfaitement la fermentation spiritueuse, la fermentation acétique et la fermentation putride. Pour cet auteur, la fermentation est un mouvement intestin imprimé par un fluide aqueux à un composé d'un tissu lache, qui en divise les parcelles et les résout en leurs principes, dont il forme les nouvelles combinaisons. L'action du ferment est donc pour Stahl, ainsi que le confirme M. Chevreul, purement dynamique.

Boerhaave indique une foule de substances organiques susceptibles de fermenter, entre autres la fermentation acéteuse dans le lait.

Mais le premier qui définit clairement et positivement le phénomène général de la fermentation, c'est l'illustre Lavoisier. Voici ce que nous trouvons dans son traité élémentaire de chimie publié en 1793, page 150, tome premier.

Les effets de la fermentation vineuse se réduisent donc à séparer en deux portions le sucre, qui est un oxyde ; à oxygéner l'une aux dépens de l'autre pour en former de l'acide carbonique ; à désoxygéner l'autre en faveur de la première pour en former une substance combustible, qui est l'alcool : en sorte que s'il était possible de recombiner ces deux substances, l'alcool et l'acide carbonique, on reformerait du sucre. Il est à remarquer au surplus que l'hydrogène et le carbone ne sont pas dans l'état d'huile dans l'alcool ; ils sont combinés avec une portion d'oxygène qui les rend missibles dans l'eau : les trois principes l'oxygène, l'hydrogène et le carbone sont donc ici dans une espèce d'état d'équilibre ; et en effet en les faisant passer à travers un tube de verre ou de porcelaine rougi au feu, on les recombine deux à deux ; et on retrouve de l'eau, de l'hydrogène de l'acide carbonique et du carbone.

Lavoisier avait donc démontré d'une manière expérimentale et théorique les effets de la fermentation et donnait les résultats suivants :

Détails des principes constituants des matériaux de la fermentation.

	livres	onces	gros	grains
Eau, ...	407	3	6	41
Sucre.	100	»	»	»
Levure de bière.	2	12	1	28

510 parties

Tous ces produits sont mis en présence, et après fermentation complète donnent les résultats suivants :

	livres	onces	gros	grains
Acide carbonique	35	5	4	19
Eau.	408	15	5	14
Alcool.	57	11	1	58
Acide acéteux sec.	2	8	»	»
Résidu sucré non décomposé. .	4	1	4	3
Levure sèche.	1	6	»	50

510

On remarque d'abord que sur les 100 livres de sucre qu'on a employées, il y en a eu 4 livres 1 once 4 gros 3 grains qui sont restés dans l'état de sucre non décomposé, en sorte qu'on n'a réellement opéré que sur 95 livres 14 onces 3 gros 69 grains de sucre.

Cette erreur de Lavoisier sera expliquée plus tard ; il ne connaissait pas encore tous les produits de la fermentation; mais avec ce génie qui le caractérisait dans toutes ses recherches, il avait déjà pressenti les découvertes de Thénard, Gay-Lussac, et enfin la dernière théorie de Pasteur, sur la formation de la glycérine et de l'acide succinique. Ce qu'il prit pour du sucre non décomposé était de la glycérine.

Mais revenons un peu en arrière sur nos études historiques sur la fermentation. Macquer, dans ses *Eléments de chimie théorique* publiés à Paris en 1749, page 190, s'exprime ainsi :

« On entend par fermentation un mouvement intestin qui s'excite de lui-même entre les parties insensibles d'un corps, duquel résulte un nouvel arrangement et une nouvelle combinaison de ces mêmes parties. »

Dans sa manière de voir au sujet de la

fermentation alcoolique du moût de raisin, il exprime ainsi sa pensée :

« Si on expose le moût dans des vases qui ne soient pas exactement fermés, à un degré de chaleur modéré, au bout de quelque temps il commence à devenir trouble ; il s'excite insensiblement un petit mouvement dans ses parties qui occasionne un certain sifflement ; cela augmente peu à peu jusqu'au point qu'on voit les parties grossières qu'il contient, comme les pépins ou les grains, s'agiter, se mouvoir en différents sens et être jetés à la superficie. Il se dégage en même temps quelques bulles d'aír et la liqueur acquiert une odeur piquante et pénétrante, occasionnée par des vapeurs très-subtiles qui s'en exhalent.

« Personne, jusqu'à présent, n'a rassemblé ces vapeurs pour en examiner la nature ; elles ne sont guère connues que par leurs effets malfaisants.

La liqueur ainsi fermentée est le vin, dont on retire par distillation une liqueur inflammable, d'un blanc jaune, légère, d'une odeur pénétrante et agréable. C'est l'esprit de vin. »

Le gaz dont nous parle Macquer est l'acide carbonique. Il connaissait déjà les résultats de la fermentation, formation d'alcool et production d'un gaz inconnu pour lui, mais il ne s'expliquait pas la provenance de ces deux corps.

En 1799, Fabroni, micrographe italien, compare la levure au gluten. « La fermentation, dit-il, n'est qu'une décomposition d'une substance par une autre, comme celle du carbonate par un acide, ou du sucre par l'acide oxalique. La matière qui décompose le sucre est une substance végéto-animale; elle siége dans des utricules particulières, dans le raisin comme dans le blé. En écrasant le raisin, on met cette matière glutineuse en contact avec le sucre, comme si l'on versait un acide et un carbonate dans un vase ; dès que les deux matières sont en contact, l'effervescence ou la fermentation y commence, comme cela a lieu dans toute opération de chimie. »

Fourcroy, dans un remarquable rapport, combat les idées de Fabroni. Lui, il admet cinq fermentations diverses : les fermentations saccharines, vineuses, acides, colorantes et panaires. « Je ferai remarquer, dit-il, que la substance glutineuse regardée par Fabroni comme l'espèce de ferment constant du sucre, ne paraît pas être la matière susceptible de cet effet, puisqu'il semble que la fécule, le mucilage, l'extractif, même en petite proportion, sont également capables de faire fermenter le corps sucré, comme on le voit dans les sirops et le miel pharmaceutique. Il est vrai que Fabroni peut dire qu'il y a toujours plus ou moins de matière végéto-animale dans ces diverses substances, mais il manque à sa théorie d'avoir prouvé la présence de cette matière dans le moût de raisin et dans les sucres fermentescibles divers. »

Cet aperçu remarquable de Fourcroy vient non pas combattre les idées de Fabroni, mais confirmer que tous deux reconnaissaient la nécessité de la présence d'une matière azotée pour que la fermentation puisse se produire, et les ultricules que ce dernier prenait pour des parties du gluten étaient simplement les mycodermes qui sont l'âme de la fermentation.

Les savants de cette époque, si remarquable en découvertes, conprenaient si bien cela qu'en 1800, la section des sciences physiques de l'Institut de France mettait pour sujet de prix au concours la question suivante :

Quels sont les caractères qui distinguent, dans les matières végétales et animales, celles qui servent de ferment et celles auxquelles elles font subir la fermentation ?

Le problème est résolu en 1803 par Thénard et, dans un rapport resté mémorable, il pose les deux principes suivants : 1° que la levure est une matière azotée donnant beaucoup d'ammoniaque à la distillation ; 2° que la levure perd son azote pendant l'acte de la fermentation et finit par se transformer en produits solubles.

Dœbereiner peu de temps après annonce

que l'azote du ferment se retrouve dans la liqueur fermentée, à l'état de sel ammoniacal.

Mais voyons quelles étaient les idées de Thénard en 1812 sur le ferment :

Le ferment est nne substance qui se sépare, sous forme de flocons plus ou moins visqueux, de tous les fruits qui éprouvent la fermentation vineuse. C'est en faisant la bière qu'on se le procure ordinairement, Nous allons en étudier les propriétés.

Le ferment ou levure en pâte, abandonné à lui-même dans un vaisseau fermé, à une température de 15 à 20°, se décompose et éprouve en quelques jours la fermentation putride.

Mis en contact à cette même température avec le gaz oxygène dans une cloche placée sur le mercure, il absorbe ce gaz en quelques heures et il en résulte du gaz acide carbonique et un peu d'eau.

Soumis à la chaleur, il se dessèche, puis il se décompose et donne tous les produits provenant de la distillation des substances organiques.

Il est insoluble dans l'eau et l'alcool. L'eau bouillante lui enlève promptement sa propriété fermentescible.

Comme on le voit, déjà à cette époque on avait des idées très-nettes et très-positives sur les ferments ; et une partie des propriétés que nous leur attribuons aujourd'hui étaient déjà connues.

Pour ce qui est de l'acte de la fermentation, l'opinton de Thénard est assez curieuse à étudier quand on se rapporte aux grandes discussions qui ont eu lieu il y a quelques années à propos des générations spontanées.

Dans son traité de chimie publié en 1815, Thénard s'exprime ainsi sur le compte de la fermentation :

« La fermentation est un mouvement spontané qui s'excite dans les corps, et qui donne naissance à des produits qui n'y existaient pas. »

Le savant chimiste se rendait bien compte de l'action de présence du ferment dans l'acte de la fermentation, mais il ne se rendait pas un compte exact de ce point : était-il la cause ou le produit ? Du reste cette question a été longtemps avant d'être élucidée et encore, à l'heure qu'il est, n'est-elle pas admise au même point de vue par tous les savants.

Mais ce qui fit faire les plus grands pas à la question furent les travaux de Thénard, Gay-Lussac et de Saussure sur le sucre et l'alcool, et la fixation définitive de la composition de ces deux corps.

Aussi Gay-Lussac fixe-t-il définitivement l'équation de la fermentation alcoolique ; voici sa formule : pour 100 de sucre il trouve :

Acide carbonique.	48 66
Alcool.	51 34
	100 00

Cette formule, vraie à un certain point, s'écartait cependant de la vérité, et Dumas et Boullay le prouvèrent plus tard. Lavoisier le premier avait démontré que 100 de sucre ne produisaient pas une quantité d'acide arbonique et d'alcool égalant le poids du sucre ; il estimait la perte à 4 1/2 °/₀ environ. On s'explique donc difficilement qu'un homme aussi merveilleusement doué que Gay-Lussac pour les grandes recherches ait laissé passer cette erreur. Thénard et de Saussure admettaient une perte d'environ 4 °/₀. Nous verrons plus tard combien ces savants étaient près de la vérité telle que nous l'admettons aujourd'hui.

Déjà vers cette période, 1805 à 1815, on s'occupait activement des singuliers effets obtenus par Appert dans ses procédés de conservation des matières alimentaires.

Pour les savants, l'effet que cherchait à obtenir Appert, était de supprimer toute fermentation, c'est-à-dire immobiliser le principe fermentescible admis par eux. Ce savant observateur avait constaté que tout liquide porté à une température de plus de 100 degrés et privé du contact de l'air ne fermentait plus, mais pourquoi ? Voici le problème qu'essaya de résoudre Gay-Lussac, et à la suite de longues et curieuses expériences, il constata que l'oxygène est nécessaire pour commencer la fermentation, mais non pour la continuer.

Nous voici arrivés à une période de l'étude des fermentations où les théories de Lavoisier, Thénard, et Gay-Lussac servaient de point de départ à toutes les observations. Un grand nombre d'auteurs écrivirent mémoires sur mémoires pour justifier des théories plus ou moins fantastiques; mais la science est dans la bonne voie et ne songe plus à s'écarter de son droit chemin. En 1825, Colin publie des études curieuses sur le gluten, la viande, le blanc d'œuf, le fromage, l'urine, et les effets que peuvent produire leurs extraits dans un liquide sucré, au point de vue de la fermentation.

Desmazières, en étudiant le ferment de la bière, que Persoon a nommé *Mycoderma cerivisiæ*, croit reconnaitre que ces mycodermes sont animés d'un mouvement qui leur est propre; mais Brown, en 1828, démontra qu'il ne faut pas confondre le mouvement de ces globules avec un mouvement vital. C'est alors qu'il fonde sa grande théorie encore admise aujourd'hui du mouvement Brownnien.

L'étude spéciale du ferment alcoolique appartient à Cagniard-Latour, qui, reprenant les travaux de Leuwenhoeck, démontre que la levure est un végétal et que c'est par l'action elle-même de sa vie qu'il dégage de l'acide carbonique et transforme les liquides sucrés en alcool. En même temps, Turpin étudie le ferment de la levure, il le décrit comme un végétal formé de tigellules articulées qui se produisent par des globules vésiculaires primitifs provenant des tissus organiques ou par la désarticulation des tigellules. Pour lui, la fermentation est un phénomène physiologique.

Les idées de Turpin sont très-avancées, mais évidemment dirigées dans une voie qui doit lui amener des contradicteurs sérieux. Liébig est un des premiers ; il admet que le ferment est une matière altérable et que c'est par la décomposition qu'elle ébranle et décompose les éléments de la matière fermentescible.

Berzelius, lui, dote le ferment d'une action catalytique et prétend que sa seule présence est la cause du dédoublement des matières fermentescibles. Son rôle dans l'acte de la fermentation se réduirait à une simple action de présence. Cette théorie est du reste la seule admise par la plupart des savants.

Mitscherlich partageait les mêmes idées que Berzelius et ne considérait l'action du ferment dans les liquides fermentescibles que comme une simple action de présence.

C'est en 1841 que Frémy et Boutron démontrèrent d'une manière positive que le ferment est essentiellement décomposable, et revinrent à la théorie de Liébig. C'est à la suite de leurs études sur la fermentation lactique qu'ils se prononcèrent d'une façon si formelle, et Pelouze et Gélis, continuant leurs travaux, démontrèrent que la fermentation, qui n'exprimait autrefois que le dédoublement du sucre en alcool et en acide carbonique par l'action de la levure de bière, s'est étendue aux modifications variées que des corps fermentescibles divers peuvent éprouver sous l'influence des différentes formes de ferment.

La question des fermentations multiples était élucidée : déjà du reste Dubrunfault en avait étudié les principes dès 1831 à la distillerie de fécule de Versailles, où il avait constaté la formation d'acide lactique ; mais ils attribuèrent ce phénomène à l'action de la craie qu'on employait pour neutraliser les jus. Nous verrons plus tard que Béchamp démontra que la craie a une certaine action dans les phénomènes de la fermentation.

A cette époque, pour prouver que la fermentation n'est pas due à une simple action de présence ou à l'oxygène seul, le docteur Schwann démontra que si on soumet des substances organiques à l'action de l'air qui a traversé un tube chauffé au rouge, elles ne fermentent pas. Il conclut que ce n'était donc pas l'oxygène seul, mais un principe renfermé dans l'air, que la chaleur détruit, qui produit la fermentation.

Helmholtz, Schultze, Schroeder, Dusch démontrèrent tous la même chose, c'est-à-dire que c'est dans l'air qu'existe le premier principe de vie qui doit animer les fermentations quelles qu'elles soient.

La question des générations spontanées se trouvait déjà posée dès cette époque et devait amener la grande lutte entre Pasteur, Beschamp, Pouchet, Joly etc.

Mais nous voici arrivés à la dernière période historique de ce travail : examinons simplement où en est la question actuellement.

Voici comment Wurtz s'exprime dans son dictionnaire de chimie :

« Une fermentation est une réaction chimique dans laquelle un composé organique (la matière fermentescible) se modifie dans un sens déterminé sous l'influence d'un autre composé organique (le ferment) qui ne fournit rien de sa propre substance aux produits de la réaction, ceux-ci étant formés uniquement aux dépens de la matière fermentescible. Il en résulte qu'une quantité relativement très-petite de ferment peut opérer la transformation d'une quantité considérable du premier corps. »

C'est donc la théorie de l'action de présence de Berzelius et autres qui domine maintenant, et tous les travaux des savants actuels sont d'accord sur ce point.

La nature de la fermentation dépend donc du milieu dans lequel elle se produit et de la nature du ferment.

Le ferment est non-seulement de nature organique, mais encore organisé, les uns disent vivant, doué de mouvement, les autres végétal, et c'est à l'accomplissement de ses fonctions physiologiques que l'on doit attribuer les modifications qu'il fait éprouver à la matière fermentescible. Ainsi la levure de bière serait un être organisé vivant, un végétal d'un ordre inférieur qui se développe dans les liquides sucrés et les transforme en acide carbonique, en alcool, glycérine et autres produits.

Cependant, nous voyons l'amidon se changer en dextrine, puis en glucose, sous l'influence d'un produit azoté qui, au microscope, n'offre aucune trace d'êtres organisés; (la diastase). L'acide sulfurique joue le même rôle que la diastase avec l'aide de la chaleur. Ces fermentations sont désignées sous le nom de fausses fermentations, de fermentations à ferments solubles non organisés.

Les fermentations à ferments organisés sont des réactions chimiques dont on n'aura le vrai secret que lorsqu'on connaîtra parfaitement la synthèse des corps organiques ou le mode de décomposition opéré par l'action vitale et végétale sur les éléments plus ou moins complexes quï composent l'ensemble de l'organisme végétal et animal.

Pour les réactions produites par les ferments solubles, elles sont plus simples, elles ne se manifestent que sous la puissante action de la chaleur, soit qu'elles soient produites artificiellement, soit qu'elles proviennent du contact immédiat des produits que l'on met en présence. Les ferments solubles sont des corps azotés et oxygénés se rapprochant des matières albuminoïdes, mais qui en sont cependant distinctes. Ainsi les principaux ferments solubles, la diastase, la ptyaline ou diastase salivaire, la pepsine, peuvent s'isoler facilement par des réactions chimiques assez simples, mais que je ne crois pas utile de décrire ici; décrivons simplement l'action de la diastase.

La diastase, sous l'influence de la chaleur +66°, transforme successivement l'amidon en dextrine et enfin en glucose. La formule suivante en donne l'équation :

$$\underbrace{3(C^{12}H^{9}O^{9}+HO)}_{\text{Amidon}}=\underbrace{C^{12}H^{9}O^{9}+2HO}_{\text{Glucose}}+\underbrace{2(C^{12}H^{9}O^{9},HO)}_{\text{Dextrine}}$$

Comme on le voit, tout l'amidon n'est pas transformé en gluten; cette transformation ne s'obtient qu'en enlevant successivement le glucose par la fermentation; l'action de la diastase se continue sur la dextrine et la transformation devient complète.

Mais laissons de côté toutes ces théories et les problèmes si difficiles de la fermentation tant travaillés par Andral, Gavaret, Wagner, Maumené, Pouchet, Joly, Berthelot et Pasteur, et abordons le vrai but de ce travail, la fermentation alcoolique.

LA FERMENTATION ALCOOLIQUE.

La fermentation alcoolique est une transformation qu'éprouvent les sucres sous l'influence de la levure de bière ou d'une autre substance azotée pouvant jouer le même rôle. Elle est caractérisée par la formation de l'alcool et par un dégagement d'acide carbonique. (J. Pelouse et G Fremy).

Le sucre de raisin et le glucose son isomère, sous l'influence du ferment se transforment en alcool et en acide carbonique suivant l'équation ;

$$\underbrace{C^{12} H^{12} O^{12}}_{\text{Glucose}} = \underbrace{2\, C^{4} H^{6} O^{2}}_{\text{Alcool}} + \underbrace{2\, C^{2} O^{4}}_{\text{Acide carbonique}}$$

Mais cette équation est purement théorique, ainsi que nous allons le démontrer au moyen des recherches faites par les savants qui ont constaté la fermentation de matières grasses dans l'action de la fermentation.

Nous passerons sous silence l'étude de la levure de bière, car cela nous entrainerait trop loin ; nous connaissons son action, contentons-nous de la constater, car au point de vue vinicole ce n'est pas le sujet qui nous occupe : le ferment dont nous aurons à constater l'action est un ferment qui est apporté dans nos moûts de raisin, soit par l'air, soit par le fruit lui-même.

Comme je viens de le dire, l'acide carbonique et l'alcool ne sont pas les seuls produits de la fermentation alcoolique, le docteur Ch. Schmidt, en 1847, constata la présence de l'acide succinique dans les liquides fermentés ; mais cette observation, cependant si intéressante, n'éveilla que médiocrement l'attention, le monde savant était uniquement préoccupé de la grosse affaire de la Pyroxiligne.

Ce n'est que plus tard, quand Pasteur fit

ses grandes expériences sur la fermentation qu'il retrouva l'acide succinique et un autre corps complètement méconnu, la glycérine. Déjà cependant Braconnot avait signalé la présence de matières grasses dans les lies de vin, mais les choses en étaient restées là.

Voici donc, d'après les travaux les plus récents, la véritable équation de la fermentation du sucre.

100 parties de sucre de canne égalent 105,36 de glucose et donnent après fermentation :

Alcool.	51	11
Acide carbonique.	48	89
Acide succinique	0	67
Glycérine.	3	16
Cellulose, graisse et extractif. . . .	1	»»
	105	36

Des 5 parties environ restantes qui ne sont pas converties en alcool et acide carbonique, 4 (4, 21 de sucre interverti ou glucose) fournissent de l'acide succinique, de la glycérine et de l'acide carbonique, selon l'équation suivante :

$$49\ C^{12}H^{11}O^{11} + 109\ HO.$$

$$= \underbrace{12\ C^{8}H^{6}O^{8}}_{\text{Acide succinique}} + \underbrace{72.\ C^{6}H^{8}O^{6}}_{\text{Glycérine}} + \underbrace{30\ C^{2}O^{4}}_{\text{Acide carbon.}}$$

Comme on le voit, la théorie de Gay-Lussac était en partie exacte ; mais Lavoisier le premier a constaté ce fait que tout le sucre ne se transforme pas en alcool et en acide carbonique. Thénard plus tard trouva un chiffre peu différent, et enfin, dans l'état actuel de la science, ce chiffre pour 100 de sucre de canne est de 5,36.

Maintenant expliquons pourquoi 100 de sucre de canne égalent 105, 36 de sucre fermentescible.

Il est constaté que le sucre de canne, tel qu'il est dans la nature, n'est pas susceptible de fermenter ; il faut pour que ce phénomène se produise, qu'il se convertisse en sucre interverti ou glucose, et cela sous l'influence d'un acide, du ferment soluble de la levure de bière ou de la diastase par hydration.

Voici alors les proportions de la formule :

$$\underbrace{C^{12}H^{11}O^{11}}_{\text{Sucre de canne}} + \underbrace{HO}_{\text{Eau}} = \underbrace{C^{12}H^{12}O^{12}}_{\text{Sucre interverti}}$$

En chiffres cela donne :

$$\underbrace{C^{12}H^{11}O^{11}}_{171} + \underbrace{HO}_{9} = \underbrace{C^{12}H^{12}O^{12}}_{180}$$

Donc $171 : 180 :: 100 : x \,.\, x = 105,36$

Ce qui, en d'autres termes, donne l'explication de l'équation donnée plus haut pour la formation de la glycérine et de l'acide succinique.

Tout cela nous amènera à ce calcul que 100 parties de sucre interverti donnent :

Acide carbonique	46	67
Alcool.	48	46
Glycérine.	3	23
Acide succinique	0	61
Matières cédées au ferment.	1	30
	100	00

Ces différentes données sont à bien prendre en note, lorsqu'on voudra faire les calculs de rendement en acide carbonique pour des poids donnés de sucre, point si important dans notre pays.

C'est alors qu'on pourra appliquer la formule de M. Maumené. Pour la prise de mousse et constater que pour produire 1 litre de gaz acide carbonique à une température de + 10, il faudra 4 gr. 123 de sucre de raisin et 3 gr. 918 de sucre de canne en vertu de la formule suivante :

1 litre acide carbonique à + 10 pèse 1 g. 915.

On aura donc :

$$\underbrace{1\text{ gr. }915}_{\text{Acide carbonique}} \; : \; \underbrace{x}_{\text{Sucre de canne}} \; :: \; \underbrace{48.89}_{\text{Acide carbonique}} \; : \; \underbrace{100}_{\text{Sucre de canne}}$$

X égale 3 gr. 918. sucre de canne.

Et pour le sucre interverti, la première formule exécutée, on applique celle-ci :

$$\underbrace{171}_{\text{Sucre de canne}} \; : \; \underbrace{180}_{\text{Sucre interverti}} \; :: \; \underbrace{3{,}918}_{\text{Sucre de canne}} \; : \; x = 4\text{ gr. }123.$$

X égale 4 gr. 123 de sucre de raisin ou interverti.

Maintenant, à notre point de vue vinicole, étudions la nature du principe qui détermine la fermentation dans nos moûts et dans nos vins. Ici nous ne procédons pas comme dans les fabriques d'alcool de betterave ou de pommes de terre; nous ne produisons pas la fermentation d'une manière artificielle, par l'introduction dans nos jus de sucre interverti de levure de bière qui détermine immédiatement une fermentation violente. Nous prenons le raisin à la vigne, il est écrasé et jeté dans les cuves, ou pressuré immédiatement et versé dans des fûts : nous n'y ajoutons rien; le principe de la fermentation doit donc nous venir du fruit lui-même, ou être amené par l'air, car pour ce qui est des générations spontanées, nous ne pouvons les admettre.

C'est donc l'air qui amène le germe qui devra produire le *mycoderma vini* qui par sa présence favorisera la fermentation alcoolique.

Le *mycoderma vini* est un globule allongé d'une forme ovoïde, transparent, trèsrefringent; sa grosseur varie dans de grandes proportions.

Sa plus grande longueur est de 1/100 de millimètres et son diamétre 5/1000 de mm. Souvent il atteint des dimensions plus petites, mais en moyenne il a 5 à 6/1000 de mm. de longueur sur 2 à 3/1000 de mm. de largeur.

Il est composé d'une enveloppe très-fine et unie; à l'intérieur il est rempli de liquide au sein duquel des points noirs très-réfringents se meuvent dans des sens divers.

Quels sont ces points noirs? c'est une question que je n'ai pas encore pu élucider. L'épaisseur du *mycoderma vini* est telle, que je n'ai pu arriver à diviser cet être organique de manière à pouvoir étudier la structure des points noirs qu'on voit naviguer dans son intérieur au moyen d'un grossissement puissant de 1,800 diamètres, obtenu par l'objectif à immersion et à correction n° 10 de M. Nachet fils.

Ce mycoderme se produit par bourgeonnement. En effet on peut suivre sans le microscope ce phénomène. On voit un ferment d'une forme ovoïde parfaitement caractérisée se déformer; une saillie se produit sur un point, elle grossit et finit enfin par former un individu qui se sépare de sa mère et qui à son tour produit de nouveaux bourgeons. Cette multiplication est très-rapide, il suffit de 24 ou 48 heures pour qu'un liquide placé dans de bonnes conditions entre en pleine fermentation et qu'il soit rempli de milliers de mycodermes.

La puissance vitale de cet être d'une organisation si primitive est très-énergique. Il faut des réactifs d'une grande violence pour la détruire.

Cependant l'alcool en excès s'oppose à leur génération, et la fermentation s'arrête vite.

L'acide salicylique, l'acide borique, l'hyposulfite de soude, l'acide hydrosulfureux, s'opposent énergiquement à la fermentation.

Il en est de même d'un excès de froid ou d'une température dépassant +75°

Maintenant comment le *mycoderma vini* agit-il dans l'acte de la fermentation du moût? Nous ne nous prononcerons qu'avec une extrême réserve et nous nous rallierons à l'opinion générale des savants, c'est que leur action est une action de présence. Ils n'empruntent rien à la matière sucrée du moût, ils se multiplient à l'infini, et par leur présence, ils favorisent une décomposition complète du sucre de raisin, en plusieurs éléments dont les principaux sont l'alcool, l'acide carbonique, le glycérine, l'acide succinique, etc., etc., etc.

La production du *mycoderma vini* dans les moûts de raisins et dans le vin n'est pas unique. Il se produit une grande variété de fermentations, mais nous ne les traîterons pas ici; elles feront l'objet d'un travail spécial, c'est-à-dire d'une monographie des fermentations vineuses.

Je termine ici ce mémoire, comptant sur l'indulgence de mes lecteurs et le donnant comme préface à un travail que je compte publier sur les fermentations secondaires des vins.

E. Robinet.

Épernay. — Typ. BONNEDAME ET FILS.

www.ingramcontent.com/pod-product-compliance
Lightning Source LLC
LaVergne TN
LVHW012019160826
845678LV00002B/916

9782329655192